BEI GRIN MACHT SICH IHR WISSEN BEZAHLT

Marie Koch

Schwierigkeiten bei der Durchführung der Multiplikation und der Division

Eine Darstellung typischer Fehler bei der Durchführung von Multiplikation und Division sowie daraus folgender Schlussfolgerungen für die Erarbeitung dieser Bereiche

GRIN Verlag

Bibliografische Information der Deutschen Nationalbibliothek:

Die Deutsche Bibliothek verzeichnet diese Publikation in der Deutschen National-
bibliografie; detaillierte bibliografische Daten sind im Internet über http://dnb.d-
nb.de/ abrufbar.

Impressum:

Copyright © 2006 GRIN Verlag GmbH
Druck und Bindung: Books on Demand GmbH, Norderstedt Germany
ISBN: 978-3-640-36355-1

Dieses Buch bei GRIN:

http://www.grin.com/de/e-book/129742/schwierigkeiten-bei-der-durchfuehrung-
der-multiplikation-und-der-division

GRIN - Your knowledge has value

Der GRIN Verlag publiziert seit 1998 wissenschaftliche Arbeiten von Studenten, Hochschullehrern und anderen Akademikern als eBook und gedrucktes Buch. Die Verlagswebsite www.grin.com ist die ideale Plattform zur Veröffentlichung von Hausarbeiten, Abschlussarbeiten, wissenschaftlichen Aufsätzen, Dissertationen und Fachbüchern.

Besuchen Sie uns im Internet:

http://www.grin.com/

http://www.facebook.com/grincom

http://www.twitter.com/grin_com

Inhaltsverzeichnis

1. Einführung

Nimmt man den Sächsischen Lehrplan für das Unterrichtsfach Mathematik zur Hand und studiert die Aufteilung der verschiedenen Bereiche etwas näher, fällt auf, dass der Lernbereich der Arithmetik innerhalb dieses Faches den größten zeitlichen Anteil inne hat. Mit insgesamt 130 Stunden in vier Jahrgängen, kann man die Zahlenlehre durchaus als Mittelpunkt des mathematischen Beitrags zur allgemeinen Bildung bezeichnen. Der Erwerb grundlegenden arithmetischen Wissens soll die Kinder befähigen, „elementare Aufgaben aus ihrer Umwelt zu lösen"[1].

Um dies zu ermöglichen, müssen die Schüler[2] verschiedene Strategien, Erkenntnisse und Kontrollmethoden kennen lernen, und somit ein gesichertes Verständnis mathematischer Inhalte und deren Anwendungsmöglichkeiten entwickeln. Neben den bekannten Operationsverfahren der Addition und Subtraktion werden bereits in den Klassen 1 und 2 die ersten Grundlagen für die Durchführung der Multiplikation und Division erarbeitet. Die hierbei erworbene Kenntnis über die mündlichen Verfahren werden folgend in den Klassenstufen 3 und 4 dahingehend erweitert, dass auch die schriftlichen Rechenverfahren erlernt, verstanden und deren Umsetzung gesichert werden.

So spricht die Theorie.

Doch auf Grund verschiedenster Ursachen entstehen bei der Bearbeitung dieser Sachverhalte für viele Lernende Schwierigkeiten. Nur in seltenen Fällen beruhen diese Probleme auf Unachtsamkeit und Unsicherheiten seitens der Schüler oder auf allgemeinen Faktoren, wie Begabung und Motivation. Oftmals sind sie „das Ergebnis individueller, gedanklicher Überlegungen der einzelnen Schüler"[3]. Für den Lehrer gilt es, diese Logik zu durchschauen und auf die richtigen Bahnen zu lenken.

Auf diesen Themenbereich der möglichen Problemfelder bei der Multiplikation und Division soll im Folgenden näher eingegangen, sowie deren mögliche Ursachen und allgemeine und spezielle Gegenmaßnahmen erörtert werden. Um typische Problembereiche der nicht- schriftlichen und schriftlichen Rechenoperationen möglichst genau herausarbeiten zu können, habe ich mich im Zuge meiner Hausarbeit dazu entschieden, diese weitestgehend getrennt voneinander zu bearbeiten.

---

1 Lehrplan Grundschule Mathematik ; Seite 2
2 Im Zuge dieser Hausarbeit werde ich nur die männliche Form verwenden- dies impliziert jedoch auch die Schülerinnen
3 Zitat: Radatz/Schipper; Seite 7

2. Die Multiplikation und ihre Schwierigkeiten

2.1. Grundlagen der Multiplikation

Bereits ab der ersten Klasse werden in den Schulen die Grundlagen für das spätere mündliche Multiplizieren gelegt. Die Kinder sollen in die Lage versetzt werden, auf unterschiedliche Art und Weise, Aufgaben mit multiplikativem Charakter zu lösen, indem sie die Verfahren des Verdoppelns und der wiederholten Addition erlernen. Bereits in dieser Phase werden den Schülern die verschiedenen Aspekte der multiplikativen Verfahren anhand lebenspraktischer Beispiele näher gebracht – wenn auch noch nicht in vollendeter mathematisch- begrifflicher Form. Die erste Erarbeitung erfolgt im Rahmen eines ganzheitlichen– entdeckenden Lernens, auf welchem eine Systematisierung der einzelnen Malreihen aufbaut. So fordert der Lehrplan für die Klassenstufen 1 und 2 bereits das „Kennen der Multiplikation und Division", was neben der Veranschaulichung der Rechenoperationen auch die Lösung bestimmter Aufgabentypen durch die Anwendung geeigneter Rechenstrategien impliziert. Die Grundaufgaben des Kleinen Einmaleins, das Zurückführen auf bekannte Aufgaben und Rechenoperationen, sowie das Beherrschen der Malfolgen der „2", „5" und „10" sind nur einige Unterpunkte, die in diesem Zusammenhang genannt werden. Bereits in der 3. Klasse soll laut Lehrplanvorgaben das Wissen über die Multiplikation auf das Rechnen mit Sachverhalten im Zahlenraum bis 1000 übertragen werden. Neben den , in den vorangegangenen Klassenstufen erworbenen Fähigkeiten, sollen hierbei auch die Multiplikation mit Vielfachen von 10, sowie das Zerlegen des Faktors angewandt werden können. Alle Malfolgen des Kleinen Einmaleins sollen sicher beherrscht werden, sowie das schriftliche Verfahren der Multiplikation eingeführt werden. Innerhalb des 4. Schuljahres wird das Verfahren der schriftlichen Multiplikation vertieft und auf den erweiterten Zahlenraum angewandt.

Um diese umfangreichen Rechenoperationen verstehen und durchführen zu können, bedarf es bestimmter Vorkenntnisse seitens der Schüler. Sie müssen bereits für das Erlernen des Kleinen Einmaleins den Zahlenraum bis 100 sicher beherrschen, sowie den kardinalen und ordinalen Zahlenaspekt verinnerlicht haben. Für die Durchführung vereinfachender Rechenstrategien muss die fehlerfreie Anwendung des Distributiv-, des Kommutativ- und des Assoziativgesetzes, sowie der Addition und Subtraktion gefestigt sein. Auf diesem grundlegenden Verständnis und Können baut die Erarbeitung tieferer arithmetischer Kenntnisse auf. So stellen speziell das Kleine Einmaleins und die Kenntnis bezügliche des dezimalen Stellenwertsystems Voraussetzungen für multiplikative Aufgaben mit beliebig großen Zahlen dar und sind unerlässlich für die Durchführung der schriftlichen Multiplikation. Des Weiteren sollten die Schüler für das schriftliche Rechenverfahren bereits über eine sichere Kenntnis bezüglich der Multiplikation mit vollen Zehnern und Hunderten besitzen, sowie – zur Reduzierung möglicher Stellenwertfehler – das Überschlagsrechnen zur Ergebnissicherung beherrschen. Sind diese genannten Voraussetzungen nicht erfüllt, können sich bei der Rechnung Fehler einschleichen, welche es gilt rechtzeitig zu (er-)

kennen und zu reduzieren.

2.2 Schwierige Aufgaben und typische Fehler bei der nicht- schriftlichen Multiplikation

Neben den, im folgenden Text näher ausgeführten Problemfeldern der nicht- schriftlichen Multiplikation, entstehen für die Schüler gehäuft Probleme bei speziellen Aufgaben des Kleinen Einmaleins, welche ich hier nur kurz benennen möchte.

So treten Multiplikationsaufgaben des Kleinen Einmaleins mit hohen Kombinationen zwischen 6 · 6 und 9 · 9 laut einer breit angelegten Untersuchung von Lörcher[4] sehr häufig auf. Dies ist unter anderem auf die Zunahme von Zehnerüberschreitungen in diesen Bereichen zurückzuführen, welche weitaus fehleranfälliger sind, als die Rechnungen innerhalb eines Zehners.

2.2.1. Nullfehler

Nach der bereits erwähnten Untersuchung, welche Lörcher 1985 durchführte, stellen sich bei den Schülern in diesem Bereich zu einem großen Teil Fehler bei dem Operieren mit der Null ein[5] - unabhängig davon, welche Stelle diese in der Aufgabe einnimmt. Oftmals werden folgende falsche Berechnungen durchgeführt:

$$n \cdot 0 = n$$

$$0 \cdot n = n$$

Hierbei stellt eine von der Addition und Subtraktion übernommene Übergeneralisierung der Funktion der Null einen Hauptgrund für diese Fehlerform dar. Diese Fehleinschätzung zieht den Schluss nach sich, dass die Null bei den Rechenoperationen eine neutrale Stellung einnimmt und die Ausgangszahl somit nicht verändert. Um diesen Fehlertyp zu vermeiden, sollte man „die Addition und Multiplikation mit *Null* bewußt zueinander in *Kontrast setzen* und im Rahmen der behandelten *Grundmodelle* den Fall der Multiplikation mit Null ausdrücklich *ansprechen.*"[6] Zur Verdeutlichung der Rolle der Null im Bereich der Multiplikation, bietet sich als Lösungsstrategie ein wiederholtes Addieren gleicher Summanden an. Dies soll hier am Beispiel „3 · 0 = 0" demonstriert werden:

$$0 + 0 + 0 = 0$$

Auch über die Integration der Null in systematische Aufgabenketten, kann den SchülerInnen die Funktion der Null veranschaulicht werden:

---

4 Vgl. Friedhelm Padberg, Seite 129
5 knapp die Hälfte aller Fehler innerhalb dieser Untersuchung fiel auf diese Fehlerform; vgl. Friedhelm
   Padberg Seite 129
6 Zitat: Friedhelm Padberg; Seite 131

$$6 \cdot 4 = 24$$
$$6 \cdot 3 = 18$$
$$6 \cdot 2 = 12$$
$$6 \cdot 1 = 6$$
$$6 \cdot 0 = 0$$

Laut Lörcher[7] sind die Nullfehler die einzigen Fehlertypen, welche durch gezieltes Üben im Laufe der weiteren Schulzeit abnehmen.

2.2.2. Fehler bei der Anwendung einer Primitivform

Als Primitivform werden hierbei das Aufsagen der betreffenden Einmaleinsreihe, das rhythmische Zählen oder das wiederholte Addieren bezeichnet[8]. Diese Lösungsstrategien sind für ein Verzählen sehr anfällig und können darauf folgend zu einem falschen Ergebnis führen.

Als Beispiel sei hier die Aufgabe $4 \cdot 4 = 12$ genannt.

In diesem Fall wurde der Betrag einmal zu wenig addiert und somit ein fehlerhafter Produktwert erhalten. Die Ursachen für diesen Fehler können zum Beispiel darin liegen, dass die Lernenden den ordinalen Zahlaspekt nicht ausreichend verinnerlicht, bzw. Probleme beim ordinalen Zählen haben, oder das Aufsagen von Einmaleinsreihen zu stark betont wurde, „so daß sich die Schüler beim Abrufen des zu einem gegebenen Multiplikators gehörigen Produktes aus der auswendig gelernten Einmaleinsreihe leicht um ein Element vertun"[9].

2.2.3. Perseverationsfehler

In diesem Fall wirkt eine vorher benutzte Zahl dominant nach und setzt sich in der Lösung durch:

$$2 \cdot 8 = 8$$
$$3 \cdot 8 = 18$$

Leider konnte ich in der verwendeten Literatur wenig über diese Fehlerart, deren Ursachen und mögliche Gegenmaßnahmen finden. Allerdings ist es wohl erdenklich, dass Perseveration vor allem dann auftritt, wenn die Schüler bei einer Berechnung die Aufgabe laut mitsprechen, oder über die Anwendung der wiederholten Addition zu dem Ergebnis kommen, da durch diese Strategien ein Faktor verstärkt wahrgenommen wird.

---

7 Vgl. Friedhelm Padberg; Seite 129 f
8 auch als „Einmaleinsfehler der Nähe" bezeichnet
9 Zitat: Friedhelm Padberg; Seite 221

2.2.4. Fehler bei der Anwendung von Rechenstrategien

Um das Kleine Einmaleins sicher zu erwerben, bietet sich eine Erarbeitung verschiedener Rechenstrategien an, welche möglichst flexibel eingesetzt werden sollten. Allerdings können diese, wenn nicht ausreichend beherrscht, ihrerseits eine Ursache für Fehler darstellen. Als Strategie sei in diesem Zusammenhang der Übergang von Stützpunktaufgaben zu neuen, unbekannten Aufgaben genannt. Die Schüler gehen hierbei für ihre Berechnungen von einer bekannten Aufgabe und deren Ergebnis aus, und gewinnen unter Anwendung bekannter Verfahren und Gesetzmäßigkeiten das gesuchte Produkt.

Als Beispiel sei die Aufgabe „9 ·4"[10] angeführt.

Um diese Problemstellung zu lösen, kann auf die bekannte Aufgabe „10 · 4 = 40" zurückgegriffen werden, um im weiteren Verlauf „1 · 4" von diesem Ergebnis abzuziehen. In der Folge kommen die SchülerInnen auf das richtige Ergebnis „36". Wird die Rechenstrategie der 'Vergrößerung des ersten Faktors um 1[11]' und die folgende Subtraktion des 2. Faktors nicht richtig angewandt, kann es geschehen, dass die Lernenden z.B. folgenden Weg nutzen und daraufhin zu einem falschen Ergebnis kommen:

$$10 \cdot 4 = 40$$
$$40 - 9 = 31$$
$$\uparrow$$
also folgt: $$9 \cdot 4 = 31$$

Ist die Struktur der Rechenstrategien, deren Sinn, sowie die logische Verknüpfung der Stützaufgabe mit der neuen Aufgabe für den Schüler nicht ersichtlich, können diese fehlerhaften Anwendungen gehäuft auftreten. Eine intensive Erarbeitung des Verständnises für die Gesetzmäßigkeiten und nötigen Rechenoperationen, sowie ein umfassendes Üben der Anwendung ist folglich für den Mathematikunterricht unerlässlich.

2.3. Schwierige Aufgaben und typische Fehler bei der schriftlichen Multiplikation

Allein durch die Komplexität des schriftlichen Multiplikationsverfahrens sind vielfältige Fehlerformen möglich- teilweise beruht ein falsches Ergebnis auf einer fehlerhaften Addition während des abschließenden Rechenvorgangs. Da ich mich im Zuge dieser Hausarbeit mit den typischen Schülerfehlern bezüglich der Multiplikation auseinander setze, werde ich im Folgenden auf diesen Fehler nicht näher eingehen. Natürlich können die bereits bei der nicht- schriftlichen Multiplikation genannten Fehlermuster wiederholt bei diesem Verfahren auftreten, da es auf dem vorangegangenen Bereich aufbaut.

---

10 Entnommen: Freidhelm Padberg; Seite130
11 Also der Übergang zur Nachbaraufgabe

2.3.1. Nullfehler

Wie auch bei der nicht- schriftlichen Multiplikation stellen sich bei der schriftlichen Form gehäuft Fehler im Zusammenhang mit der Null ein, welche auf bereits genannten Ursachen beruhen. Die möglichen Fehlervariationen sollen hier im Folgenden differenziert betrachtet werden.

2.3.1.1. Stellenwertbelegende Rolle der Null im 2. Faktor nicht beachtet

Wie sich anhand des folgenden Exempels leicht erkennen lässt, wird in diesem Fall die Null als stellenwertbelegender Faktor ignoriert und keine Rechnung mit ihr durchgeführt.

Beispiel:

$$531 \cdot 303$$
$$1593$$
$$\underline{\quad 1593 \quad} \leftarrow$$
$$\underline{\quad 17523 \quad}$$

Dieser Stellewertfehler kann darauf begründet sein, dass der Schüler über ein unzureichendes Verständnis bezüglich des dezimalen Stellenwertsystems verfügt und somit die Rolle der Null falsch einschätzt. Tritt dieser Fehler auf, ist es ratsam, zu dem Rechnen mit Stellentafeln zurückzukehren um das Verständnis ausreichend zu vertiefen.

2.3.1.2. Einmaleinsfehler mit der Null im 1. oder 2. Faktor

Wie ich bereits in den Ausführungen zu Punkt 1.2. dieser Hausarbeit erwähnte, stellen die nicht-schriftlichen Verfahren die Grundlagen für den Erwerb der schriftlichen Verfahren dar. Somit ist es auch verständlich, dass Defizite in diesen Bereichen, ebenfalls Fehler innerhalb des schriftlichen Verfahrens nach sich ziehen. Die Einmaleinsfehler bezüglich der Null stellen explizit einen solchen Fall dar. Zusätzlich zu den bereits genannten Ursachen[12], können Schüler die falsche Vorstellung entwickeln, dass das Resultat der Multiplikationsaufgabe größer als die einzelnen Faktoren, bzw. so groß, wie der größere Faktor sein muss. Um präventiv auf diese Konstellation einzuwirken, ist eine umfangreiche Erarbeitung der Rolle der Null wichtig, sowie eine ständige Wiederholung zur Festigung des Könnens.

Folgende Beispiele[13] sollen die typischen Schülerfehler bezüglich der Null im ersten oder zweiten Faktor nochmals verdeutlichen:

Beispiele:	$620 \cdot 41$	*statt*	$620 \cdot 41$
	$2484 \leftarrow$		2480
	$\underline{\quad 621 \quad} \leftarrow$		$\underline{\quad 620 \quad}$
	$\underline{25461}$		$\underline{25420}$

---

12 Siehe Punkt 2.2.1. dieser Hausarbeit; Seite 5
13 Entnommen Friedhelm Padberg; Seite 220

$$531 \cdot 30 \qquad\qquad statt \qquad\qquad 531 \cdot 30$$

```
   531 · 30        statt        531 · 30
   1593                         1593
    531  ←                       000
   16461                        15930
```

2.3.2. Stellenwertfehler durch falsche Anordnung der Teilprodukte

Das Ausrücken der Teilprodukte innerhalb der schriftlichen Rechnung begründet sich in unserem dezimalen Stellenwertsystem und ist somit unabdingbar, um ein richtiges Ergebnis zu erhalten. Fehlt diese Einsicht und wird eine falsche, oder sogar keine Regel für die Anordnung der Teilprodukte angewendet, ist ein fehlerhaftes Ergebnis unumgänglich.

Beispiel[14]:

```
        712 · 23
        1424
        2136   ←
        3550
```

2.3.3. Behalteziffern als zusätzliche Stelle im (Teil-) Produkt notiert

Als Ursache kann man entweder ein Nachwirken der entsprechenden Behalteziffer annehmen[15] oder ein fehlerhaftes Verständnis für die Rolle der Behalteziffer bei dem schriftlichen Rechenverfahren – und somit ein unzureichender Einblick in die Funktionsweisen der Bündelung. Um diese Fehlerform zu verdeutlichen, sei folgendes Beispiel genannt:

```
        282 · 3
        6246
          ↑
```

Bei der Multiplikation von den Ziffern 3 und 8, ergibt sich eine Behalteziffer 2, welche innerhalb des Teilproduktes stellenwertbelegend notiert wurde. Um Fehler im Umgang mit der Behalteziffer zu vermeiden, ist es ratsam, nicht zu schnell auf die Notation dieser zu verzichten und mit den Schülern die entsprechende inhaltliche Begründung umfassend zu erarbeiten.

2.4. Schlussfolgerungen für die Erarbeitung der Multiplikation

Wie bereits bei der Darstellung der möglichen Fehlertypen und den einführenden Erklärungen zur Bearbeitung der Multiplikation erkennbar ist, liegen die Gründe für eine Vielzahl von möglichen Fehlern in einem unzureichenden Verständnis seitens der Schüler bezüglich der Multiplikation mit Null, sowie dem Aufbau des dezimalen Stellenwertsystems. Neben einer intensiven und

---

14 Entnommen Friedhelm Padberg; Seite 220
15 Vgl. Perseverationsfehler bei der nicht- schriftlichen Multiplikation; Punkt 2.2.3. dieser Hausarbeit

anschaulichen Erarbeitung der betreffenden Bereiche, bieten sich vor allem für schwächere Schüler die Arbeit mit alternativen Multiplikationsverfahren an, welche möglicherweise durch ihren anderen Zugang weniger Schwierigkeiten bereiten. Als Beispiele können an dieser Stelle die Neperschen Streifen in Verbindung mit der Gittermethode, oder auch das Verdopplungsverfahren genannt werden[16]. Um einen Einblick in die Wirkungsweise alternativer Multiplikationsverfahren zu geben, möchte ich im Folgenden das Verdopplungs-/ Halbierungsverfahren näher erläutern.

Dieses Verfahren basiert auf dem Gedanken, dass ein Produkt aus zwei Faktoren unverändert bleibt, wenn ein Faktor verdoppelt und der andere Faktor zugleich halbiert wird. Zur Lösung einer Aufgabe, wird der Multiplikand Schritt für Schritt verdoppelt und der Multiplikator parallel halbiert, bis letzterer den Wert 1 erreicht. Ist dieser Schritt erreicht, stellt der Multiplikand das Ergebnis der Ausgangsaufgabe dar.

$$346 \cdot 4$$

Beispiel:

$$= 629 \cdot 2$$
$$= 1384 \cdot 1$$
$$= \underline{1384}$$

also $346 \cdot 4 = \underline{1384}$

Für den Fall, dass der Multiplikator ungerade ist, greift man auf den benachbarten kleineren Wert zurück, welcher zwangsläufig gerade ist, und berechnet den nächsten Schritt mit diesem. Um den Fehlbetrag wieder in die Berechnung einfließen zu lassen, notiert man ihn an der Seite und addiert ihn am Ende der Rechnung zu dem erhaltenden Ergebnis hinzu. Der erhaltene Wert ergibt schlussendlich das gesuchte Ergebnis.

Beispiel[17]:

$$346 \cdot 36$$
$$= 692 \cdot 18$$
$$= 1384 \cdot 9$$
$$= 1384 \cdot 8 + 1384$$
$$= 2768 \cdot 4$$
$$= 5536 \cdot 2$$
$$= \underline{11072 \cdot 1}$$

$$
\begin{array}{r}
11072 \\
+ 1384 \\
\hline
12456
\end{array}
$$

also: $346 \cdot 36 = \underline{12456}$

---

16 Im weiteren Verlauf sollte jedoch auch das Normalverfahren erlernt werden
17 Entnommen Friedhelm Padberg; Seite 225

Die Vorteile dieses Verfahrens liegen darin, dass die Anforderungen auf die Anwendung des Verdoppelns und Halbierens, das Kleine Einmaleins und die Addition der Merkziffern reduziert sind. Weiterhin bietet die Verdopplungstabelle eine gute Möglichkeit der Selbstkontrolle. Der erhöhte Schreibaufwand relativiert sich bei drei- oder mehrstelligen Multiplikatoren und stellt bei höheren Kombinationen keinen Nachteil mehr dar.

3. Die Division und ihre Schwierigkeiten

3.1. Grundlagen der Division

Da die Division in einer engen strukturellen Verbindung mit der Multiplikation steht, wird empfohlen, diese beiden Verfahren in zeitlicher Nähe zu erarbeiten, um den Schülern die Beziehung der Umkehroperationen zu verdeutlichen. So nennt der Lehrplan für die Grundschule analog der Multiplikation bereits für die Klassen 1 und 2 das Halbieren und Teilen von Mengen, sowie die anschauliche Erarbeitung der Division. So stellen auch hier das Nutzen von Stützaufgaben und die Strategie der 'Zurückführung auf fortgesetzte Subtraktion' wichtige Themenbereiche in den Lehplanvorgaben dar. Bereits in Klasse 3 wird die Teilbarkeit einer Zahl näher betrachtet und speziell die Teilbarkeitsregeln für die Zahlen 2, 5, 10 und 100 erarbeitet[18], sowie eine erweiterte Anwendung des Wissens bezüglich der Division auf den Zahlenraum bis 1000. Für das Lösen nicht- schriftlicher Divisionsaufgaben sollen entsprechend der Erarbeitung der Multiplikation verschiedene Rechenstrategien angewandt und inhaltlich begründet werden können. Nachdem in dieser Klassenstufe das halbschriftliche Divisionsverfahren eingeführt und geübt wurde, wird diese Fähigkeit im Zuge der 4. Klasse auf die schriftliche Division erweitert, in welche die Schüler laut Lehrplan einen Einblick gewinnen sollen.

Wie auch bei den Verfahren der Multiplikation baut die Division auf verschiedenen grundlegenden Fähigkeiten und Kenntnissen auf und wird im Laufe der Schuljahre nach methodischer Stufenfolge erweitert. So ist es nötig, dass der Schüler bereits für den Erwerb des Kleinen Einsdurcheins den Zahlenraum bis 100 numerisch und rechnerisch durchdrungen hat, sowie die Kenntnisse bezüglich des ordinalen und kardinalen Zahlenaspektes, des dezimalen Stellenwertsystemes und der geltenden Rechengesetzte verstanden und gefestigt haben.

3.2. Schwierige Aufgaben und typische Fehler bei der nicht- schriftlichen Division

Da die nicht- schriftliche Division als Umkehroperation der Multiplikation zu verstehen ist, beruhen viele mögliche Schülerfehler auf, dem Multiplikationsverfahren und dessen Fehlerquellen vergleichbaren Ursachen und Gedankengängen. Infolge dessen werde ich die nachstehenden

---

18 Vgl. Lehrplan Grundschule Mathematik; Seite 16

Erläuterungen kurz halten, soweit sich die Ursachen der Verfahren gleichen. Des Weiteren ist anzunehmen, dass die Umkehrungen der Multiplikationsaufgaben mit hohen Kombinationen spezielle Schwierigkeiten in sich bergen und somit im Unterricht eingehend behandelt werden sollten.

3.2.1. Fehler bei der Division durch Null

Auch bei der Division treten besonders bei Berechnungen mit der Null gehäuft Schülerfehler auf. Die Ursache dürfte[19] analog der Probleme bei der Multiplikation in einem unzureichenden Verständnis bezüglich dieser Ziffer liegen. Eventuell tritt somit auch in diesem Bereich eine Übergeneralisierung der Funktion der Null auf[20] und führt zu falschen Ergebnissen. Mehrfach treten seitens der Schüler folgende Überlegungen auf:

$$0 : 0 = 1$$
$$n : 0 = 0$$

3.2.2. Fehler bei der Anwendung einer Primitivform

Als Primitivformen wird im Folgenden die wiederholte Subtraktion, das rhythmische (Rückwärts-) Zählen und das gegensinnige Aufsagen der Einmaleinsreihe verstanden. Diese Anwendungen sind für ein Verzählen sehr anfällig und können somit schnell zu einem fehlerhaften Ergebnis führen.

Beispiel:
$$16 : 4 = 5$$
$$16 - 4 - 4 - 4 - 4 - 4 = 0$$
$$\uparrow$$

3.2.3. Perseverationsfehler

Auch bei der Division kann der Fall eintreten, dass sich eine Zahl der Rechenoperation dominant durchsetzt und in der Lösung wieder auftritt: Die Ursache kann darin liegen, dass der Schüler die wiederholte Subtraktion als Lösungsweg nutzt und den Divisor somit besonders verstärkt, oder die Aufgabe laut mitspricht und die entsprechende Ziffer auf diese Weise ihre Dominaz erreicht.

Beispiel:
$$88 : 8 = 18$$

3.2.4. Fehler bei der Anwendung von Rechenstrategien

Auch Rechenstrategien, welche eigentlich zur Erleichterung der Division angewendet werden, bergen ihre Gefahren. Hierbei können strategische Fehler auftreten, oder solche, die auf einem

---

19 Leider gibt es in der Literatur über diesen Bereich nur wenige Aussagen
20 Vgl. Punkt 2.2.1. Seite 6 dieser Hausarbeit

Fehler bei der Durchführung der genutzten Rechenverfahren beruhen.

Beispiel[21]:   155 : 5 = 301

Bei diesem Exempel wurde die Aufgabe korrekt in 150 : 5 30 und 5 : 5 = 1 zerlegt. Der Fehler beruht jedoch in einer fehlerhaften Addition: 30 + 1 = 301. Durch die Vielfalt der möglichen Rechenstrategien ergeben sich auch multiple Fehlerkonstellationen, welche der Lehrer erkennen und durchschauen muss.

3.2.5. Fehler bei der Division von reinen Zehnerzahlen

Bei der Division reiner Zehnerzahlen stellen sich gehäuft Endnullfehler ein. Dies kann auf einer zu formalen Anwendung der entsprechenden Regeln und eine unzureichende Einsicht in das dezimale Stellenwertsystem basieren.

Beispiele: 4000 : 20 = 20
                                                     6000 : 300 = 200

Weiterhin kann es geschehen, dass der Schüler die erste Ziffer von Dividend und Divisor in Gedanken vertauscht.

Beispiel[22]:   400 : 80 = 20

3.3 Schwierige Aufgaben und typische Fehler bei der schriftlichen Division

Wie auch bei der schriftlichen Multiplikation erhöht sich bei diesem Verfahren auf Grund der gesteigerten Komplexität die Gefahr für Fehler in verschiedenen Zusammenhängen. Da bei der schriftlichen Division auch die Verfahren der Subtraktion und Multiplikation angewendet werden müssen, können auch in diesen Bereichen die Ursachen für falsche Ergebnisse liegen. Auf diese soll im Folgenden jedoch nicht näher eingegangen werden, da sie im Speziellen auf einem unzureichenden Verständnis dieser Verfahren beruhen.

3.3.1. Nullfehler

Nullen – unabhängig von deren Stellenwert innerhalb der Aufgabe – bereiten den Schülern die meisten Schwierigkeiten. Als Ursache können zusammenfassend eine zu rasche Einführung der kurzen Schreibweise, sowie unexakte Sprechweisen[23] genannt werden. Auch ein fehlendes Verständnis bezüglich des Stellenwertsystems ist ein Anlass für nachstehende Fehlertypen.

---

21 Entnommen: Friedhelm Padberg; Seite 146
22 Entnommen: Freidhelm Padberg; Seite 146
23 z.B. „3:8 geht nicht, also hole ich die nächste Ziffer herunter" - eine exaktere Sprechweise: „3:8 geht nullmal.";

3.3.1.1. Endnullfehler

Endnullfehler treten gehäuft als Folge von zwei Rechenausführungen auf, welche durch ein unzureichendes Verständnis bezüglich der Rolle der Null innerhalb unseres dezimalen Stellenwertsystems veranlasst werden. So kann es geschehen, dass der Schüler den letzten nötigen Divisionsschritt nicht durchführt und den letzten Teildividend sofort als Rest notiert.

Beispiel[24]:
    5722 : 4 = 143 R 2   *statt*   **5722 : 4 = 1430 R 2**

5722 : 4 = 143 R 2	5722 : 4 = 1430 R 2
4	4
17	17
16	16
12	12
12	12
0 ←	2
	0
	2

Doch auch wenn der Dividend als letzte Stelle eine Null besitzt, kann es im Quotienten zu einem Endnullfehler kommen. Der Schüler ignoriert die letzte Stelle des Dividenden entsprechend dem Verständnis „Null ist Nichts" und holt diese Ziffer nicht herunter. Das Beispiel auf der folgenden Seite soll diese fehlerhafte Strategie nochmals verdeutlichen.

Beispiel:
    3240 : 6 = 54   *statt*   **3240 : 6 = 540**

3240 : 6 = 54	3240 : 6 = 540
30	30
24	24
24	24
0 ←	00
	0
	0

3.3.1.2. Zwischennullfehler

Innerhalb einer Divisionsaufgabe gibt es mehrere Konstellationen, welche bei den Schülern gehäuft zu Zwischennullfehlern führen können.Die möglichen Rechenwege der Schüler können jedoch alle auf ein unzureichendes Verständnis bezüglich der Funktion der Null und dem dezimalen Stellenwertsystem zurückgeführt werden. Die folgende Sachlage bezeichnet eine mögliche Aufgabenstellung, welche zu Schwierigkeiten führen kann.

Geht die vorhergehende Teildivision auf und die heruntergeholte Ziffer ist kleiner, als der Divisor,

---

24 Bei den folgenden Beispielen werde ich auf die ausführliche Form der Notation zurückgreifen, um die möglichen Rechenwege der Schüler genauer darstellen zu können

kann es leicht geschehen, dass der Schüler zwei Ziffern gleichzeitig herunterholt und somit ein Stellenwertfehler in der Lösung auftritt. Dies kann unter anderem auch darin begründet sein, dass die Erarbeitung des Falles 'Teildivision mit der ersten Ziffer des Dividenden ist nicht möglich, also ziehe ich die zweite Ziffer des Dividenden hinzu'[25] unter unzureichender inhaltlicher Begründung und zu formal erfolgte. Dem Schüler bleibt somit eventuell die ausreichende Einsicht in das dezimale Stellenwertsystem und die daraus folgende Erklärung verwehrt und er überträgt diese Regel ohne Überlegung bezüglich ihrer Anwendbarkeit auf Teildivisionen innerhalb der Aufgabenstellung.

Beispiel:

	1216 : 4 = 34	*statt*	1216 : 4 = 304
	<u>12</u>		<u>12</u>
	16 ←		01
	<u>16</u>		<u>0</u>
	0		16
			<u>16</u>
			0

Auch wenn in die vorhergehende Teildivision eine Null als Quotientenziffer ergibt und die nächste herunterzuholende Ziffer kleiner ist als der Divisor, führt dies oft zu einer fehlerhaften Lösung. Das Problem der so entstehenden 'Doppelnullen' bereiten den Schülern Schwierigkeiten.

Beispiel

	63049 : 7 = 907	*statt*	63049 : 7 = 9007
	<u>63</u>		<u>63</u>
	00		00
	<u>0</u>		<u>0</u>
	49 ←		04
	<u>49</u>		<u>0</u>
	0		49
			<u>49</u>
			0

Ein weiterer Grund für mögliche Zwischennullfehler liegt darin, dass die vorhergehende Teildivision einen Rest ergibt und der Schüler die herunterzuholende Ziffer Null einfach ignoriert.

---

25 z.B. 123 : 4 → 1 : 4 kann nicht gerechnet werden, also 12 :4

14

Beispiel: **65044 : 7 = 934 R 6** *statt* **65044 : 7 = 9292**

63	63
24 ←	20
21	14
34	64
28	63
6	14
	14
	0

3.3.2. Mehrmalige Division in derselben Stellenwertspalte

Eine mehrmalige Division innerhalb derselben Stellenwertspalte ist oftmals darauf zurückzuführen, dass der Schüler einerseits das Kleine 1:1 nicht ausreichend sicher beherrscht und andererseits ein unzureichendes Verständnis in Bezug auf das dezimale Stellenwertsystem vorliegt.

Ergibt zum Beispiel die berechnete Teildifferenz einen Betrag, der größer oder gleich dem Divisor ist, kann es geschehen, dass die Schüler anstatt der Berichtigung der Quotientenziffer erneut eine Division innerhalb dieser Spalte durchführen und somit einerseits zu einem falschen Ergebnis bezüglich der Stellenwerte kommen und andererseits die Quotientenziffern ebenfalls nicht der richtigen Lösung entsprechen.

Beispiel: **63158 : 7 = 81022 R 4** *statt* **63158 : 7 = 9022 R 4**

56	63
7 ←	01
7	0
01	15
0	14
15	18
14	14
18	4
14	
4	

Eine weitere Möglichkeit liegt darin, dass die berechnete Teildifferenz ebenfalls einen Wert größer oder gleich dem Divisor besitzt, und der Schüler anstelle die Quotientenziffer zu berichtigen, die nächste Ziffer des Dividenden herunterholt. Dieser Vorgang beruht auf einer zu formalen Anwendung des Rechenverfahrens, ohne Einsicht in inhaltliche Begründungen und führt zu dem Ergebnis, dass der so berechnete Teilquotient einen zweiziffrigen Wert besitzt.

Beispiel: **63158 : 7 = 81022 R 4**   *statt*   **63158 : 7 = 9022 R 4**

56	63
71	01
70 ←	0
15	15
14	14
18	18
14	14
4	4

Ergibt die berechnete Teildifferenz einen Wert, der kleiner ist als der Divisor, kann auch dies zu einem Fehler dieser Art führen. Es ist möglich, dass der Schüler die Differenz trotzdem nochmals durch den Divisor teilt und somit eine zusätzliche Null innerhalb des Quotienten erhält.

Beispiel: **178 : 7 = 205 R 3**   *statt*   **178 : 7 = 25 R 3**

14	14
3 ←	38
0	35
38	3
35	
3	

3.4. Schlussfolgerungen für die Erarbeitung der Division

Auch im Falle der Division entstehen die meisten typischen Schülerfehler auf Grund der Verständnisschwierigkeiten bezüglich des dezimalen Stellenwertsystems und der Rolle der Null innerhalb dessen. Es wird deutlich, dass die Erarbeitung dieser Grundlagen einen imensen Einfluss auf das erfolgreiche Durchführen der Division haben und somit besondere Rücksicht erfordern. Um eventuelle Stellenwertfehler zu reduzieren, sollte im Unterricht der Überschlag als mögliche Kontrolle behandelt und eingehend geübt werden. Treten im Verlauf der durchgeführten Rechnung Fehler auf, können die Schüler sie daraufhin selbst erkennen und berichtigen – eine tiefere Einsicht in das Verfahren eröffnet sich somit zu einem Teil von selbst. Auch der Zusammenhang zwischen den beiden Verfahren „Multiplikation" und „Division" sollte eingehend er- und bearbeitet werden um eine weitere Selbstkontrollmöglichkeit für die Schüler zu schaffen. Weiterhin existieren auch für die schriftliche Division alternative Verfahren, welche den hohen Komplexitätsgrad reduzieren und somit für bestimmte Schülergruppen erheblich leichter zu bearbeiten sind. Wie bei der Multiplikation auch, können in diesem Zusammenhang die Neperschen Streifen genannt werden, welche vor allem bei der Division durch mehrstellige Divisoren Vorteile bergen. Ebenso möchte ich an dieser Stelle auf das Verdopplungsverfahren und das schwedische Divisionsverfahren verweisen, welche Padberg in seinem Buch näher erläutert[26]. Um einen Einblick in ein mögliches Alternativverfahren zu geben, möchte ich im Folgenden das Subtraktionsverfahren näher erläutern.

Bereits in den Siebziger Jahren setzten sich McDonald und Swart für dieses Verfahren ein, da es den Schülern einen konkreteren Einblick in die Funktionsweise der Division ermöglicht, als das derzeitige Normalverfahren. Hierbei werden die „Vielfachen des Divisors in ihrer wirklichen *Größe* subtrahiert"[27] und verdeutlichen somit nochmals den Zusammenhang zwischen der Subtraktion und der Division. Bei der Bearbeitung mittels diesen Verfahrens existieren pro Aufgabe mehrere Lösungswege, da der Schüler die Anzahl der Schritte selbst bestimmen und die Problemstellung somit gemäß seiner individuellen Fähigkeiten bearbeiten kann.

Beispiel: **120 : 8**

120		**oder**	120	
-16	2 Achter		- 8	1 Achter
104	+		112	+
-24	3 Achter		- 8	1 Achter
80	+		104	+
-32	4 Achter		- 16	2 Achter
48	+		88	+
-16	2 Achter		- 16	2 Achter
32	+		72	+
-32	4 Achter		- 32	4 Achter
0	15 Achter		40	+
			- 32	4 Achter
			8	+
			- 8	1 Achter
			0	15 Achter

also: 128 : 8 = 15

Ein besonderer Vorteil dieses Verfahren liegt darin, dass durch die Reduzierung auf möglichst wenige Schritte ein allmählicher Übergang zu dem Normalverfahrenerarbeitet werden kann.

---

26 Vgl. Friedhelm Padberg; Seite 260, 262
27 Zitat: Friedhelm Padberg; Seite 256

4. Literaturverzeichnis

Einsiedler, Wolfgang/ Götz, Margarete/ Hacker Hartmut/ Kahlert, Joachim/ Keck, Rudolf W./ Sandfuchs, Uwe (Hrsg.). Handbuch Grundschulpädagogik und Grundschuldidaktik. Verlag Julius Klinkhardt. 2001. Bad Heilbrunn/ Obb.

Lippmann, Susanne/ Hentrich, Martina. Erstes Multiplizieren (Referatshandout). Seminar Erarbeiten der Zahlen und Rechnen in der Grundschule. 23. 05. 2006. Erziehungswissenschaftliche Fakultät Universität Leipzig

Padberg, Friedhelm. Didaktik der Arithmetik. Spektrum Akademischer Verlag; 1996; Heidelberg – Berlin – Oxford

Radatz, Hendrik/ Schipper, Wilhelm. Handbuch für den Mathematikunterricht an Grundschulen. Schroedel Schulbuchverlag GmbH; 1983; Hannover

Sächsisches Staatsministerium für Kultus (Hrsg.). Lehrplan Grundschule Mathematik Klassenstufen 1 - 4 ; 2004; Sächsisches Druck- und Verlagshaus GmbH – SDV GmbH; Dresden